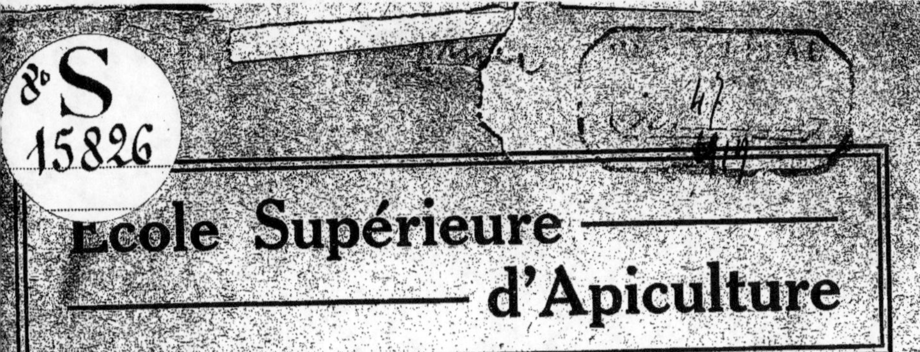

École Supérieure d'Apiculture

COURS D'APICULTURE

PAR

CORRESPONDANCE

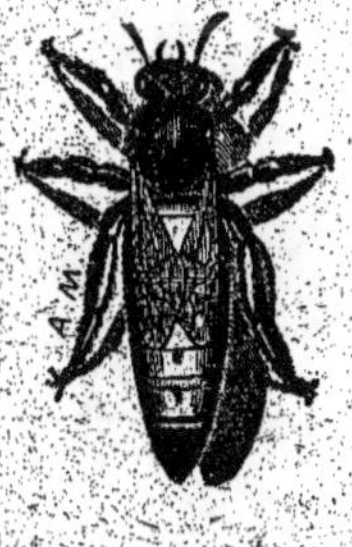

GRANDS ÉTABLISSEMENTS D'APICULTURE

Albert MATHIEU

Rue Jeanne-d'Arc, CHATEAUROUX (Indre)

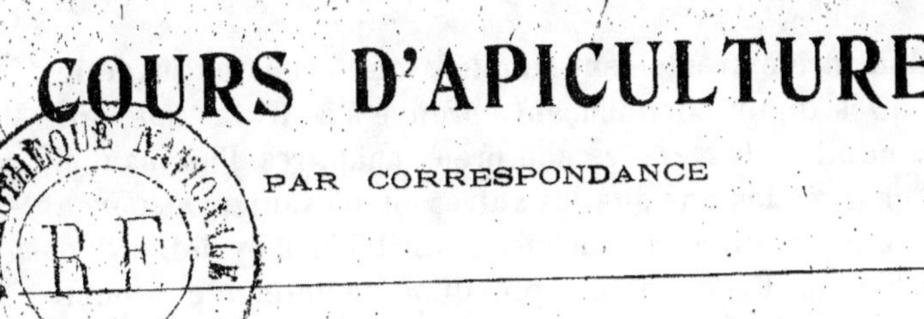

COURS D'APICULTURE

PAR CORRESPONDANCE

PRÉFACE

Vous recherchez peut-être une œuvre littéraire, agréable à lire. Si, poussé par la curiosité, vous faites le geste d'ouvrir la couverture de ce Cours d'Apiculture, pour en lire la première page, ne vous donnez pas ce mal et refermez-la immédiatement, vous êtes sûr de ne pas rencontrer ce que vous cherchez, car l'Apiculture pratique n'a que faire, dans le cadre qui nous occupe de littérature et de poésie.

L'Apiculture est une affaire commerciale qui demande du savoir et du travail pour donner des bénéfices.

Si vous venez avec l'énergique intention d'apprendre à cultiver les abeilles, vous continuerez à prendre connaissance des lignes qui suivent et qui ont été écrites dans le but d'enseigner la meilleure culture de l'abeille pour obtenir par une méthode simple, mais sûre, le revenu cherché.

Il existe de nombreux manuels d'Apiculture écrits par de savants apiculteurs de toutes nationalités, à qui personnellement nous sommes redevable de notre acquis apicole, nous avons appris à les aimer, plus nous allons, plus nous admirons leur grande valeur.

Connaissant à fond ces excellents livres nous avons pu apprécier qu'ils étaient trop compliqués pour des débutants ; nous estimons que pour le début, la méthode à sui-

vre doit être extrêmement simple. Nous avons pu juger les difficultés qu'un commençant éprouve à se tracer une ligne de conduite à travers les nombreux chapitres d'un manuel, plus chargés les uns que les autres et n'ayant pas souvent entre eux de suite conductrice ; véritable labyrinthe dans lequel se perd le débutant, qui, quoique animé de la meilleure volonté, mais ignorant tout de l'Apiculture, ne peut choisir dans la multiplicité des moyens proposés.

Nous avons pensé, en écrivant ce Cours, à rendre service à l'Apiculture, en en simplifiant l'apprentissage. Prenant le débutant par la main, afin qu'il ne s'égare, et lui évitant par des conseils les faux pas inévitables et rebutants du début.

L'élève qui voudra suivre sérieusement ces leçons et demander des explications lorsqu'il lui semblera n'avoir pas très bien compris, ou encore quand il lui faudra choisir lorsque plusieurs procédés sont proposés, sera en mesure, l'année suivante, de conduire ses ruches d'autant plus facilement, qu'il aura la facilité, en cas d'hésitation, d'avoir recours au professeur qui ne lui ménagera pas les renseignements dont il pourrait avoir besoin.

Ces leçons d'Apiculture s'adressent principalement aux grandes personnes.

Quoique la forme à questionnaire que nous avons choisie puisse paraître quelque peu enfantine, nous l'avons malgré tout adoptée, pour simplifier et faciliter le classement des réponses ; utile aussi pour graver dans l'esprit de l'élève ce qu'il est le plus spécialement nécessaire de retenir. C'est aussi un moyen plus rapide pour la correction, permettant d'apprécier le degré obtenu par l'élève.

Il y a un réel intérêt en Apiculture, comme en tous apprentissages, à se faire corriger ses erreurs et obtenir l'explication de ce que l'on n'aura pas bien compris et les conseils dont on pourrait avoir besoin.

Pour suivre ce Cours avec intérêt et en retirer tout le fruit nécessaire, il est indispensable de posséder au moins deux ou trois ruches à cadres peuplées d'abeilles pour mettre en pratique le contenu des leçons, ou bien obtenir de la complaisance d'un voisin, possédant des abeilles, l'autorisation de visiter ses colonies.

Ces leçons contiennent théorie et pratique, la théorie indispensable étant liée à la pratique qu'elle explique ; une manipulation quelconque n'est réellement bien faite par un débutant qu'autant qu'il en connaît d'avance les conséquences qui doivent en résulter.

C'est donc la théorie qui lui permet d'exécuter une opération aussi bien que s'il avait l'expérience acquise ordinairement par une longue pratique.

L'Apiculture a été délaissée, parce qu'elle est trop peu connue.

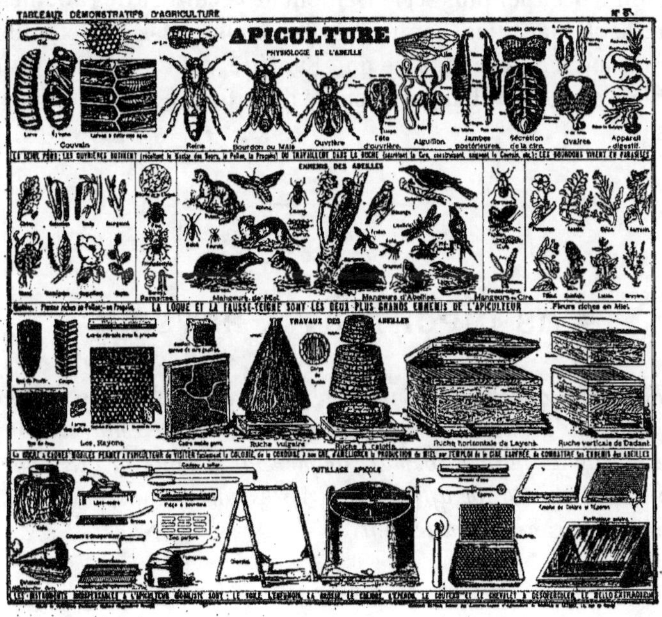

Les Agriculteurs, qui y ont pourtant un grand intérêt, n'attachent guère d'importance à la culture des abeilles ; ne l'ayant pas étudiée, ils ignorent quels revenus l'on en peut retirer, c'est bien là un effet de la souveraine routine qui fait persister les idées les plus fausses.

Les abeilles sont pourtant de précieux auxiliaires de l'Agriculture en assurant, par des croisements de pollens qu'elles transportent en butinant, la fécondation des fleurs.

Pourtant dans de très rares régions, Le Gâtinais, par exemple, pour ne citer que celle-là — les abeilles sont régulièrement et soigneusement exploitées, mais généralement par des procédés qui ne peuvent donner tout le rapport que l'on en peut attendre.

La pénurie de sucre, qui nous a tant gênés pendant cette guerre, a attiré l'attention générale sur les abeilles, comprenant enfin que par nos propres moyens nous pourrions pourvoir à notre alimentation sucrée. Le public semble enfin vouloir s'occuper plus sérieusement de la culture des abeilles, non seulement les campagnards, mais aussi les citadins paraissent comprendre ce que l'abeille peut leur être utile en leur apportant l'aliment sucré dont tous nous avons tant besoin.

AVIS IMPORTANT A RETENIR

Toutes les questions étant numérotées, faire précéder chaque réponse, du numéro correspondant ; écrire cette rédaction sur une feuille de papier format commercial et nous la faire parvenir sous enveloppe affranchie. Après corrections, nous vous la retournerons gratuitement.

Deuxième Leçon

On appelle *Rucher*, le groupement dans un même emplacement d'un lot de ruches en quantité variable.

A part certaines situations exceptionnelles, il faut éviter d'en mettre un trop grand nombre ensemble.

Le nombre de ruches à réunir dans un même endroit doit être proportionné à la richesse mellifère de la localité en tenant compte des ruches possédées par les différents habitants.

Suivant le terrain dont on disposera, on installera des **ruches en plein air**, où l'on bâtira un **rucher couvert et fermé**.

Quoiqu'il soit bien préférable de mettre ses ruches en plein air, il est parfois avantageux, principalement dans les jardins restreints de donner la préférence au rucher couvert.

Malgré que le *rucher couvert et fermé* soit dans bien des cas avantageux, on reste, en France, assez réfractaire à son emploi, cela tient probablement à son prix élevé et à la difficulté de son transport lors d'un changement de localité.

Il y a deux sortes de ruchers couverts.

Le plus simple est une sorte de hangar adossé ordinairement à un mur. Les ruches occupent la façade avec une allée ménagée derrière pour la circulation ; mais ce n'est qu'un abri pour ruches, ne comportant pas de fermeture.

Cette sorte d'installation est assez courante dans les campagnes où la ruche en paille est en faveur.

Le rucher couvert et fermé est un pavillon en bois qui, pour être commode, doit être démontable.

Il peut être de forme carrée, octogonale, ou rectangulaire ; dans ce dernier, les ruches sont disposées le long des deux grandes cloisons parallèles.

Les petits côtés sont garnis chacun d'une porte donnant accès à l'intérieur, permettant d'aérer largement par l'établissement d'un courant d'air.

Dans le pavillon carré, les ruches occupent trois côtés seulement ; le quatrième est réservé pour l'entrée, à moins que les dimensions permettent de n'utiliser pour l'entrée que la moitié du panneau ; dans ce cas, l'autre moitié de la cloison sera garnie de ruches.

Ces pavillons comportent un, deux et plus rarement trois rangs de ruches.

Le premier rang est posé sur le plancher, et lorsque celui-ci n'existe pas, à 30 centimètres du sol ; le deuxième rang est élevé à 1 mètre au-dessus du premier, afin de permettre la visite facile du rang inférieur. Le deuxième rang sera établi sur des traverses solides et l'on pourra se servir pour la visite des ruches, d'une petite échelle à larges marches. Lorsque les dimensions du rucher le permettent, on établit à la hauteur du second rang un chemin de planches qui court derrière les ruches et en facilite l'examen, mais, ce deuxième rang sera placé à deux mètres au-dessus du sol, afin que l'on puisse circuler aisément dessous, mêmes dispositions pour le troisième rang, que nous trouvons d'ailleurs superflu.

Des ouvertures sont ménagées pour la sortie des abeilles dans les parois du pavillon. La communication de la ruche avec l'extérieur doit être directe et n'offrir aucun insterstice qui puisse laisser les abeilles s'introduire à l'intérieur du pavillon.

L'emplacement des fenêtres a aussi une grande importance ; celles-ci devront être placées au-dessus des ruches de manière à bien éclairer le dessus des cadres et en permettre l'examen facile.

Elles doivent être pivotantes ou munies de chasse-abeilles, afin de permettre aux abeilles, volant à l'intérieur du pavillon, de pouvoir en sortir facilement. Avec des fenêtres n'ayant pas d'issues elles s'épuiseraient contre les vitres et finalement périraient.

Nous venons de décrire le rucher pavillon installé avec des ruches mobiles, qui pourront être de n'importe quel modèle courant employé en plein air, et comme elles pourront se déplacer pour le besoin des opérations.

En Suisse et en Allemagne, la majorité des pavillons sont agencés avec des ruches Burki-Jeker ou Berlepsch qui ont la forme d'une armoire contenant non seulement les cadres à couvain, mais un et même deux étages superposés de 1/2 cadres pour la récolte, et dont la paroi arrière est une porte avec ou sans charnières, servant à la visite des cadres.

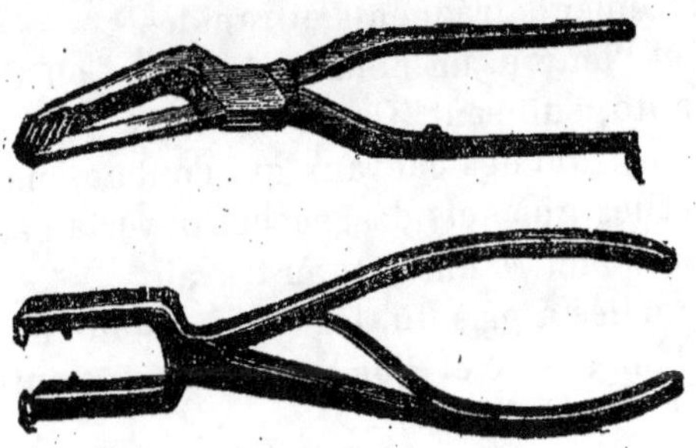

Pinces à cadres.

Les cadres ne reposent pas, comme dans la majorité des systèmes de ruches, sur des feuillures, mais sur des liteaux cloués sur les parois ; ils sont ainsi parallèles à l'entrée et pour les atteindre et les retirer il est indispensable de se servir d'une pince spéciale.

Le rucher octogonal n'a qu'un seul étage, il est pratique et laisse au centre un large espace pour la circulation, ou plusieurs personnes peuvent se mouvoir à l'aise, ce qui facilite les diverses opérations d'extraction, transvasements, etc.

Il économise avantageusement la place ; dans un rayon de six mètres, on peut disposer vingt-trois ruches, chaque côté en recevant trois, sauf le huitième qui n'en a que deux et une porte, une fenêtre est au milieu de chaque panneau et au sommet du toit se trouve une cheminée d'aération par où la fumée et l'excédent de chaleur peuvent s'échapper.

Le rucher-pavillon peut être spécialement construit pour être déplacé ; dans ce cas les ruches devront faire corps avec le pavillon et former un tout rigide. Il sera muni de quatre roues et de brancards pour être traîné par des chevaux sur les emplacements où se produit la miellée ; ou d'un autre dispositif, lorsque la traction sera faite en remorque, par une auto.

Pour faire de l'Apiculture pastorale, ces ruchers-camions peuvent, dans certaines régions, rendre de réels services pour des déplacements fréquents et rapides.

Comme main-d'œuvre, un homme avec un ou deux chevaux, ou une auto, suffisent. Une fois arrivé sur l'emplacement choisi, si ce sont des chevaux qui l'ont amené, ceux-ci sont éloignés et les guichets des ruches ouverts permettent aux abeilles de se mettre aussitôt au travail.

Lorsque la miellée a pris fin, les entrées sont refermées à la nuit, puis l'on attelle et l'on part dans une autre direction.

Le rucher couvert et fermé comme toutes choses, a ses avantages et ses inconvénients. Le travail s'y fait d'une manière commode à l'abri du soleil et de la pluie, les instruments s'y trouvent tous sous la main, les colonies hivernent bien et consomment peu ; ceci est donc avantageux ; mais le revers est la chaleur. Le rucher couvert doit être bien construit pour ne pas être un étouffoir et le système d'aération doit être très étudié.

Les ruches y sont aussi trop rapprochées les unes des autres, les permutations y sont toujours impossibles avec les ruches à armoires (ruche Berlepsch, et Burki-Jeker), mais on peut obvier à cet inconvénient puisque tous les systèmes de ruches peuvent y être employés.

Un autre inconvénient sérieux : Les colonies récoltent moins qu'en plein air.

Le rucher en plein air, malgré quelques légers inconvénients, conserve la faveur de la majorité des Apiculteurs et cette faveur est bien justifiée.

Il consiste à disposer des ruches dans un champ, un parc, un jardin ou une friche, en les isolant les unes des autres, tout en observant, entre les ruches et les propriétés voisines, les distances prévues par les arrêtés préfectoraux dans chaque département.

Les grands avantages qu'il procure sont tellement supérieurs, qu'il n'y a guère d'objection à émettre.

En première ligne vient le prix de l'installation toujours très inférieur à celui du rucher couvert.

La commodité du travail : les ruches étant espacées, la circulation dans le rucher s'y fait très aisément.

L'espacement des ruches favorise la circulation de l'air autour d'elles et évite la surchauffe.

Les ruches peuvent y être facilement permutées et les reines retour de leur vol nuptial, ont moins de chance de se tromper de ruche et d'aller se faire tuer dans une colonie étrangère.

Mais le soleil n'épargne pas l'apiculteur.

Les instruments doivent être transportés de ruche en ruche. Les pillardes aussi ont plus d'avantages pour se glisser dans les ruches, lorsque celles-ci sont ouvertes ; mais ces inconvénients sont peu de chose en regard des nombreux avantages.

L'apiculteur industriel n'emploie que le rucher en plein air ; ce qui en démontre la valeur.

Droit apicole.

L'article 8 de la loi du 4 avril 1889 laisse aux préfets, après avis des conseils généraux, le soin de déterminer la distance à observer entre les ruches à abeilles et les propriétés voisines ou la voie publique.

Si l'on ne se conformait pas aux prescriptions départementales, l'on serait passible du procès-verbal et de l'amende, aggravés au cas d'accident causé par les abeilles, par la responsabilité civile.

La responsabilité civile est déterminée par les articles 1382, 1383 et 1385 du code civil. Les abeilles constituant une propriété privée, les apiculteurs sont responsables des dommages qu'elles pourraient causer à des tiers.

Pour mettre à couvert leur responsabilité civile, les apiculteurs n'ont qu'à assurer leurs ruches aux sociétés d'assurances mutuelles ou autres, c'est un moyen fort simple et peu coûteux, les primes demandées par ruche et par an étant très minimes.

Distances légales à observer pour l'emplacement des ruches d'abeilles.

L'article 17, paragraphe 3, de la loi, a une grande importance : Toutefois, ne sont assujetties à aucune prescription de distance, les ruches isolées des propriétés voisines ou des chemins publics par un mur ou une palissade en planches jointes à hauteur de clôture.

Lorsque l'emplacement du rucher ne comportera pas de clôture pleine de la hauteur prévue par la loi, il y aura lieu de se reporter aux tableaux suivants, les arrêtés départementaux variant suivant la région ou ils sont applicables, et de s'y conformer pour éviter les désagréments.

Liste des départements pour lesquels il n'a pas été pris d'arrêtés : Belfort (territoire de), Bouches-du-Rhône, Cantal, Corse, Côte-d'Or, Finistère, Gers, Hérault, Landes, Loire, Loire (Haute-), Lot-et-Garonne, Lozère, Maine-et-Loire. Meuse, Morbihan, Nièvre, Pas-de-Calais, Pyrénées-Orientales, Saône (Haute-), Sarthe, Savoie (Haute-), Seine-Inférieure, Tarn-et-Garonne, Oran.

DÉPARTEMENTS	DISTANCES RÉGLEMENTAIRES entre les ruches d'abeilles sans clôtures	
	et la voie publique	et les propriétés
	Mètres	Mètres
Aisne	10	10
Alpes (Basses-)	15	5
Alpes-Maritimes	10	5
Ardèche	5	5
Ardennes	5	5
Ariège	10	25
Aube	5	5
Aude	5	5
Aveyron	20	20
Calvados	10	10
Charente	10 en avant. 3 par côté. 2 par derrière.	
Charente-Infre	20	12 et 20 des mais.
Cher	15	15 et 25 des mais.
Corrèze	2	2
Côtes-du-Nord	5	5
Creuse	10	10
Dordogne	4	4
Doubs	5	1
Drôme	8	8
Eure	6	6
Eure-et-Loire	de 1 à 12 ruches 20 / plus de 12 ruches 60	10
Gard	10	10
Haute-Garonne	Clôture obligatoire.	
Gironde	Arrêté incompréhensible.	
Ille-et-Vilaine	50	10
Indre	4	4
Indre-et-Loire	Néant	15
Isère	5	4 et 5 des mais.

DÉPARTEMENTS	DISTANCES RÉGLEMENTAIRES entre les ruches d'abeilles sans clôtures	
	et la voie publique	et les propriétés
	Mètres	Mètres
Jura	5	5
Loir-et-Cher	10	10
Loire-Inférieure	10	10
Loiret	30	30 et 60 des hab.
Lot	20	20
Manche	50	50
Marne	10	10
Marne (Haute-)	20	10 et 30 des mais.
Mayenne	25	25
Meurthe-et-Mos.	20	20
Nord	Néant	5
Oise	20	20
Orne	8	5
Puy-de-Dôme	10	10
Pyrénées (Bass-)	25	25
Rhône	50	15
Saône-et-Loire	10	10
Savoie	10	6
Seine	5	5
Seine-et-Marne	5	5
Seine-et-Oise	10	10
Sèvres (Deux-)	10	1
Somme	8	5
Tarn	3	3
Var	10	5
Vaucluse	10	10
Vendée	10	10
Vienne	10	10
Vienne (Haute-)	4	4
Vosges	10	1
Yonne	20	10
Alger	25	25
Constantine	20	20

Principes qui doivent régir la construction de la ruche à cadres.

Pour régulariser la chaleur, la ruche doit être construite suivant des principes dont on ne peut guère s'écarter.

Il est tout à fait regrettable qu'on ne puisse la construire totalement en paille. La paille, étant mauvaise conductrice, régularise idéalement la température intérieure de la ruche ; mais pour diverses raisons : son peu de durée, le refuge qu'elle offre aux fausses teignes et aux souris, le peu de résistance qu'elle oppose aux atteintes des piverts, etc... l'ont fait abandonner.

L'on est donc contraint de construire en bois. Dans certains modèles, le corps de ruche fabriqué en bois léger est recouvert de paille, maintenue par des lattes ; dans d'autres, le corps de ruche dont les parois sont doubles et espacées, le vide existant entre les deux cloisons peut être garni avec de la balle d'avoine ou autres matières.

Il existe des ruches construites en bois léger d'une seule épaisseur de planche. Ces ruches trouvent leur emploi dans les pays relativement chauds, où l'hiver n'existe pas ; mais dans les pays froids et tempérés, des ruches ainsi construites ne peuvent donner de bons résultats, à moins d'être calfeutrées avec de la paille, où de plusieurs épaisseurs de papier goudronné, ce qui change leur nature et en fait des ruches à parois isolantes.

Les ruches à parois simples trouvent leur emploi dans les ruchers couverts et fermés. Elles peuvent y être employées sans calfeutrage.

Mais pour le plein air, bien autrement sérieuse est la ruche à doubles parois, espacées de quelques centimètres créant entre elles un matelas d'air favorisant la température intérieure qu'elle conserve, en la régularisant. L'essaim jouit ainsi d'un bien être, se traduisant en hiver par une économie de vivres et au printemps par une augmentation de couvain.

Ce qui ne garantit pas du froid ne peut préserver de la chaleur ; c'est pour cette raison que dans les ruches à simples parois de trop faible épaisseur, les rayons de cire peuvent, en été, fondre sous l'action de la chaleur solaire et amener le pillage et la ruine de la colonie.

Lorsqu'on sera forcé d'employer de telles ruches, la raison indique qu'on devra les mettre dans le prolongement des arbres, afin de les ombrer pendant les heures les plus chaudes de la journée, mais le mieux est encore de les doubler de paille ou autre matière, il faut tout de suite aller au mieux pour n'avoir pas de mécomptes.

Nous avons vu précédemment qu'il y avait deux formes de ruches à cadres ; le système vertical et le système horizontal.

Ces deux sortes de ruches se construisent ordinairement en bois, principalement en sapin ou en pin résineux, moins souvent en peuplier, quoique ce bois, étant poreux soit plus perméable à l'air et naturellement plus chaud.

Elle se compose :

D'un plateau,

D'un corps de ruche ou **nid à couvain,**

D'une ou plusieurs **hausses pour la récolte** (système vertical),

D'un matelas châssis,

D'une couverture en bois, cotonnade ou **toile cirée,**

D'un toit ou **chapiteau.**

Pour qu'une ruche soit bien construite, elle doit être d'équerre dans tous les sens.

Chaque système de ruche ayant ses mesures propres, celles-ci doivent être appliquées fidèlement, ces mesures étant le fruit de l'expérience, la moindre variation apportée produisant des effets désastreux.

Jugez : Si dans le corps de ruche, un écart de 1 à 2 millimètres de la mesure indiquée se produit dans la largeur, l'espacement entre la paroi de la ruche et les montants des cadres se trouvant exagéré, fournira aux abeilles l'occasion d'y construire un petit rayon de cire pour en remplir le vide.

Si l'écart contraire se produit, l'intervalle se trouvant trop étroit et empêchant les abeilles d'y passer, sera fortement collé par elles, à l'aide de propolis ; les cadres seront dans l'un et l'autre cas, fixés, interdisant leur déplacement et rendant la ruche inutilisable pour la méthode mobiliste.

A la base des cadres, si les mesures ne sont pas exactes, le même fait se produira fixant les cadres au plateau.

Le plateau. — Il doit être monté sur deux patins l'isolant de l'humidité du sol, maintenant les planches entre elles et servant aussi à la pose de pieds de surélévation.

Du côté de la sortie, une planche inclinée sur toute la largeur, facilitera le départ et l'arrivée des abeilles.

Les planches servant à le construire devront avoir une

épaisseur de 25 millimètres ; pour la tablette de vol une épaisseur de 15 millimètres est suffisante.

Le corps de ruche ou nid à couvain doit être doublé devant et derrière, laissant entre les deux cloisons un vide de quelques centimètres, servant à régulariser la température.

Les parois avant et arrière doivent porter chacune à leur sommet, une feuillure de 12 1/2 mill. de large sur 14 1/2 mill. de haut, sur lesquelles reposeront les extrémités des barres supérieures des cadres, pour les ruches ayant des cadres dont les extrémités sont remplacées par des clous, on adaptera à ces feuillures, des bandes métalliques avec encoches pour loger les têtes de clous. Ces mesures sont pour cadres ordinaires et varient selon l'épaisseur des barres supérieures des cadres.

La paroi arrière et les deux parois de côtés, ces dernières de 25 mill. d'épaisseur, auront à leur base une feuillure de 25 mill. de haut sur 10 mill. de large, servant au corps de ruche à emboîter le plateau.

La paroi avant devra avoir à sa base une ouverture de 1 cent. sur toute la largeur, servant d'entrée pour les abeilles.

Suivant le système de ruche, le nid à couvain comporte 8, 10, 11 ou 12 grands cadres qui sont destinés à contenir les rayons de cire.

Chaque cadre-type se compose d'une traverse supérieure dont les extrémités qui font saillie, reposent sur les feuillures du haut des parois intérieures avant et arrière du nid à couvain.

Les cadres ne touchent aux parois que par ces supports et sont rangés les uns à côté des autres avec un écartement variant de 32 à 38 mill. de centre à centre.

Il doit exister entre les cadres et les côtés de la ruche, un vide de 7 à 8 mill. de large et au-dessous d'eux 12 millimètres.

En outre des cadres, le nid à couvain comporte une ou deux partitions.

La partition ou **planche de contraction** est une cloison intérieure mobile placée parallèlement aux cadres et comme eux suspendue, mais touchant aux parois avant et arrière.

Elle sert à proportionner la chambre à couvain, à réduire celle-ci au nombre exact des cadres occupés par les abeilles, nombre qui varie selon la saison et favorise ainsi la conservation de la température intérieure à la ruche.

Il est nécessaire de laisser à la base de la partition un vide de 8 millimètres au moins, afin d'éviter, lorsqu'on enfonce la partition, d'écraser les abeilles se trouvant sur le plateau.

Dans les pays froids, l'on garnit les partitions avec de la paille, ou l'on en fait en paille tressée ; la condensation est ainsi moins susceptible de se produire à l'arrière de la partition dans la partie vide ou, sous l'action de l'humidité des moisissures se propagent, rendant la ruche malsaine.

On lui donne ordinairement de 10 à 12 millimètres d'épaisseur et les liteaux verticaux sont garnis de bandes de drap, afin de fermer hermétiquement les côtés par pression et éviter la propolisation.

Questionnaire de la deuxième Leçon

27° Qu'appelle-t-on rucher ?

28° Que doit-on considérer pour déterminer le nombre de ruches à mettre sur un même emplacement ?

29° Le rucher peut-il s'installer de différentes façons ?

30° N'y a-t-il qu'une sorte de rucher couvert ?

31° Quel est le plus simple ?

32° Quel est le plus commode ?

33° Quelles formes donne-t-on aux pavillons ?

34° Combien de rangs de ruches comportent les pavillons ?

35° Les fenêtres du pavillon sont-elles fixes ?

36° Est-il plus avantageux de garnir les pavillons avec des ruches en armoires ou des ruches du modèle de plein air ?

37° Par quoi la disposition intérieure d'une ruche en armoire est-elle caractérisée ?

38° Quels avantages possède le rucher octogonal ?